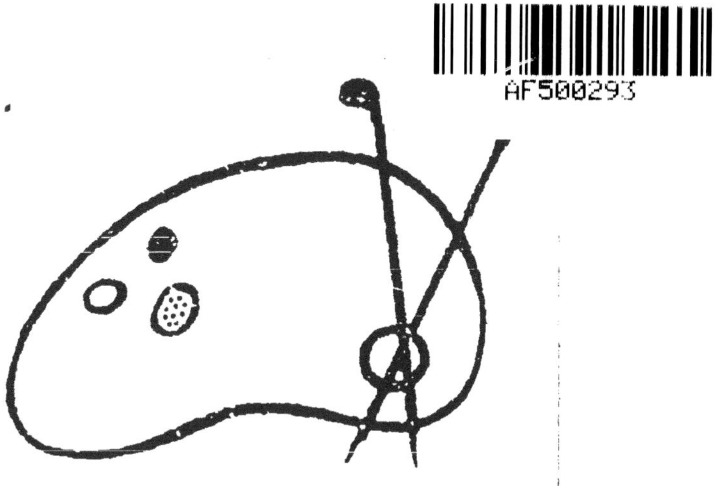

Début d'une série de documents
en couleur

N° 63 Prix : 10 centimes.

ARMÉE

LES PROJECTILES

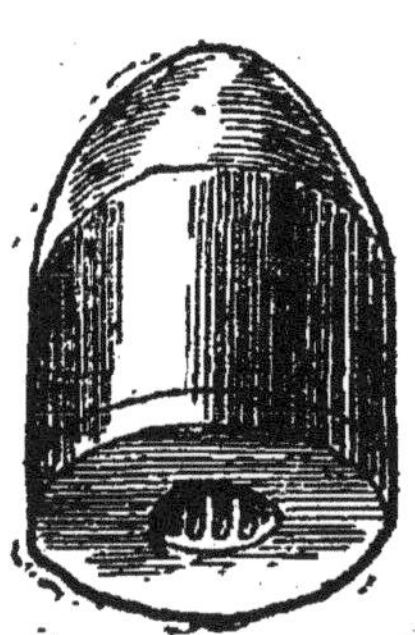  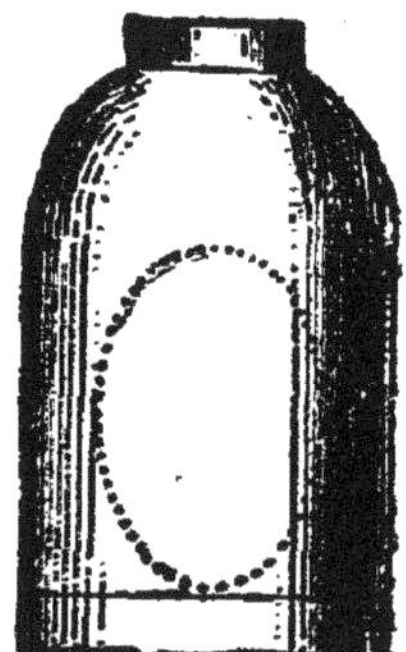

L. BOULANGER, éditeur, 90, boul. Montparnasse, PARIS.

LE LIVRE POUR TOUS

VOLUMES PARUS

1. **Hygiène** : *La santé.*
2. **Médecine** : *Les maladies et les remèdes.*
3. **Science** : *La photographie.*
4. **Littérature** : *La littérature française.*
5. **Géographie** : *L'Afrique française.*
6. **Armée** : *Le service militaire.*
7. **Science** : *L'astronomie.*
8. **Histoire** : *Histoire romaine.*
9. **Horticulture** : *Les fleurs.*
10. **Travaux manuels** : *La couture.*
11. **Hygiène** : *Les falsifications.* Aliments.
12. **Hygiène** : *Les falsifications.* Boissons.
13. **Armée** : *Les écoles militaires.* Saint-Cyr.
14. **Finances** : *Les douanes.*
15. **Enseignement** : *Grammaire anglaise.*
16. **Médecine** : *Anatomie et physiologie.* Appareil digestif.
17. **Économie sociale** : *Les impôts.*
18. **Science** : *Éléments d'arithmétique.*
19. **Littérature** : *La littérature française.* Le XVIe siècle.
20. **Économie sociale** : *L'épargne.*
21. **Droit** : *La justice de paix.*
22. **Géographie** : *L'Europe.*
23. **Économie sociale** : *Les assurances.*
24. **Science** : *L'électricité.*
25. **Beaux-Arts** : *La peinture sur porcelaine.*
26. **Agriculture** : *Les engrais.*
27. **Littérature** : *La littérature française.* XVIIe siècle, 1re période.
28. **Économie domestique** : *La cave et les vins.*
29. **Droit civil** : *Les enfants.*
30. **Science** : *Botanique,* 1re partie.
31. **Hygiène** : *La première enfance.*
32. **Arts d'agrément** : *Les feux d'artifice.*
33. **Science** : *La chimie.*
34. **Horticulture** : *Les arbres fruitiers.*
35. **Droit civil** : *Le mariage.*
36. **Géographie** : *La Russie.*
37. **Agriculture** : *La viticulture.*
38. **Arts d'agrément** : *La pêche.*
39. **Littérature** : *La littérature française.* XVIIe siècle, 2e période.
40. **Science** : *Botanique.* La vie des plantes, 2e part. Fleurs et fruits.
41. **Science** : *Les microbes.*
42. **Arts d'agrément** : *La chasse.*
43. **Géographie** : *L'Allemagne.*
44. **Histoire** : *La France,* 1re partie.
45. **Littérature** : *La littérature française.* XVIIIe siècle.
46. **Science** : *L'homme préhistorique.*
47. **Géographie** : *L'Océanie.*
48. **Littérature** : *La littérature française.* XIXe siècle.
49. **Histoire** : *La France,* 2e partie.
50. **Enseignement** : *Grammaire anglaise.* Syntaxe et prononciation.
51. **Science** : *Cosmographie,* 1re part.
52. **Science** : *Cosmographie,* 2e partie.
53. **Métiers** : *L'imprimerie.*
54. **Histoire** : *Histoire de France.*
55. **Métiers** : *La typographie.*
56. **Cuisine** : *L'office.*
57. **Travaux manuels** : *Le tricot.*
58. **Cuisine** : *Les viandes,* tome I.
59. **Cuisine** : *Les viandes,* tome II.
60. **Histoire** : *Histoire ancienne.*

POUR PARAITRE

61. **Science** : *Torpilles et torpilleurs.*
62. **Médecine** : *La rage et l'Institut Pasteur.*
63. **Armée** : *Les fusils à répétition.*
64. **Science** : *Les tremblements de terre.*
65. **Armée** : *Les projectiles.*
66. **Science** : *Les ballons dirigeables.*
67. **Armée** : *Les mitrailleuses.*
68. **Science** : *L'électricité au théâtre.*
69. **Industrie** : *Le canal de Suez.*
70. **Industrie** : *Les aiguilles.*
71. **Armée** : *Les canons.*
72. **Industrie** : *Les locomotives.*
73. **Science** : *La lumière électrique.*
74. **Industrie** : *Les mines.*
75. **Viticulture** : *Le phylloxera.*
76. **Industrie** : *Le tissage de la soie.*
77. **Grandes écoles** : *La manufacture de Sèvres.*
78. **Hygiène** : *L'alcool.*
79. **Grandes écoles** : *Les Gobelins.*
80. **Beaux-Arts** : *Les faïences anciennes.*

10 centimes le volume.

LE LIVRE POUR TOUS

Aujourd'hui un livre, quel qu'il soit, ne peut compter sur un grand succès durable que s'il est tellement *bon marché* que tout le monde puisse l'acheter sans compter, s'il est *tellement intéressant* et utile, que tout le monde dise : « *Je veux le lire, l'avoir et le garder.* »

Or il n'y a pas de livres d'un intérêt plus réel, d'une utilité plus pratique et plus constante que ceux qui fournissent des *renseignements précis et complets* sur ce que tout le monde veut savoir et doit connaître.

Mais ces livres d'information et de référence ne sont vraiment bons qu'à la condition d'être des guides toujours sûrs, des conseillers toujours prêts à répondre exactement aux nombreuses questions que l'on a sans cesse à résoudre. Ils doivent être méthodiques, exacts, clairs, faciles à manier, commodes à emporter partout avec soi. Ils doivent en outre constituer dans leur ensemble la meilleure et la plus parfaite des encyclopédies; et en même temps chacune de leurs parties doit former un tout distinct, de telle sorte que celui qui veut se contenter de cette partie unique y trouve tout ce dont il a besoin.

Un dictionnaire ne peut réunir ces avantages : s'il est volumineux, il est cher et par conséquent pas à la portée de tous; s'il est petit, il est restreint, et les articles en sont nécessairement écourtés, incomplets. De plus le dictionnaire renvoie d'un mot à l'autre, il ne peut se lire à la suite, il contient des redites. Les manuels, les traités sont évidemment plus utiles, mais ils sont d'ordinaire d'un prix élevé, surtout quand il s'agit de questions spéciales ou scientifiques ou techniques.

Nous avons pensé qu'il restait à créer une collection réunissant, à la fois, l'utilité des dictionnaires et celle des manuels, et d'un prix si minime que tout le monde puisse se la procurer.

Nous avons donné à cette collection un titre général disant d'un mot ce qu'elle est :

Le Livre pour tous, c'est-à-dire le livre indispensable à tout le monde, le livre auquel on doit avoir recours en toute occasion et qui mérite toute confiance.

Le Livre pour tous donne à tous les connaissances nécessaires à tous. Il est le vade-mecum de toute instruction pratique, le répertoire de toutes les sciences usuelles.

Le Livre pour tous est le livre de tous ceux qui travaillent, qui étudient, qui s'informent, qui veulent s'éclairer, c'est-à-dire tout le monde.

Ce qui distingue notre collection de toutes celles que l'on a publiées dans le même genre et ce qui fait sa supériorité sur toutes les compilations adressées aux lecteurs sous prétexte de vulgarisation, ce qui doit lui donner la préférence sur les dictionnaires et les manuels, c'est, nous le répétons :

1° Le *bon marché*. Chacun de nos volumes ne coûte que 10 centimes, et contient comme texte le tiers d'un volume ordinaire de 300 pages vendu 3 fr. 50 et même de 4 à 6 francs.

2° L'*abondance et l'exactitude des renseignements*. — Chacun de nos volumes est rédigé avec le plus grand soin par des auteurs compétents d'après les travaux les plus récents et les plus autorisés.

3° La *commodité du format*. — Chacun de nos volumes peut facilement tenir dans la poche, on peut l'emporter avec soi à la promenade, le lire en voiture, en omnibus, en chemin de fer.

4° La *clarté du texte*. — Les volumes sont imprimés en caractères neufs, lisibles sans fatigue, et les matières sont disposées de telle sorte que d'un coup d'œil on trouve ce que l'on cherche.

5° La *valeur documentaire*. — Chaque volume forme un tout; mais l'ensemble des volumes forme une encyclopédie. Dans chaque volume, chaque sujet est traité à fond. De plus chaque volume est accompagné de documents, de tables de références, de tables statistiques, etc., qui sont d'un usage précieux.

Il suffit d'avoir sous les yeux un seul de nos volumes pour se rendre compte de l'importance de notre collection et des services qu'elle rend.

Tous les volumes de la collection sont rédigés avec le même soin, d'après la même méthode et dans le même but d'utilité.

N. B. Le Livre pour tous *peut être mis dans toutes les mains. C'est la meilleure récompense à donner aux élèves dans toutes les écoles. C'est la collection la plus utile à tout le monde.*

L'éditeur-gérant : L. BOULANGER.

Sceaux. — Imp. Charaire et Cie.

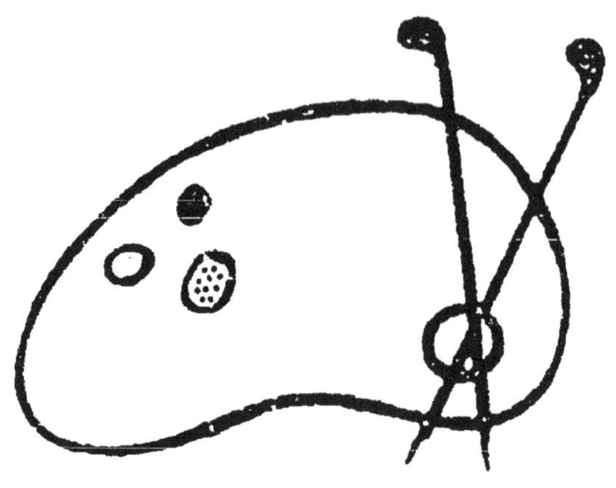

Fin d'une série de documents
en couleur

LES PROJECTILES

LES PROJECTILES

Le nom de projectile appartient en général à tout corps solide qui se meut librement dans l'espace, en raison d'une impulsion reçue; mais il ne sera question ici que des projectiles de guerre, lancés par les bouches à feu de construction moderne, en laissant de côté les balles, de façon à ne nous occuper absolument que de l'artillerie.

Les projectiles sont aussi variés que les systèmes de canons, plus même, puisque chaque pièce peut tirer différentes sortes de projectiles, sans parler des boulets rouges et des boulets ramés, qui n'existent plus qu'à l'état de souvenir; mais ils peuvent se classer en trois catégories : 1° les projectiles pleins, qui sont les boulets proprement dits; 2° les projectiles creux, qui s'appellent obus quand ils se tirent dans des bouches à feu presque horizontales, et bombes quand ils se tirent dans des mortiers ayant une inclinaison très grande; 3° les projectiles formés par la réunion de projectiles d'un petit calibre, comprenant les boîtes à balles et les schrapnells.

Nous allons étudier séparément chacun de ces genres.

LES BOULETS.

Le boulet est un projectile plein, du diamètre de l'âme de la pièce, sauf une petite différence en moins qu'on est obligé de tolérer à cause des imperfections de la fabrication.

Ils ont d'abord été sphériques, et bien que cette forme ait été abandonnée à peu près partout, il en reste encore et quelques théoriciens prétendent même qu'ils causent, sur les murailles des navires, principalement, des ravages plus irréparables que les boulets coniques.

Mais, de même qu'il ne se fait plus guère de canons à âme lisse, de même le projectile cylindro-conique, qui dérive plus ou moins de la balle de la carabine Minié, est le plus généralement employé.

Ce n'est pas une raison pour ne pas nous occuper de la fabrication des boulets sphériques en fonte de fer, ne fût-ce qu'au point de vue rétrospectif.

Le boulet se coule dans un moule en sable renfermé dans un double châssis, dont une partie s'appelle le demi-châssis mâle et l'autre le demi-châssis femelle; sitôt refroidi et débarrassé du moule, il passe aux mains de l'*ébarbeur* qui gratte le sable resté après, casse les jets, enlève la coulée et les coutures avec un instrument nommé tranche-à-froid ; après l'ébarbage, c'est le rebattage, qui se fait avec un marteau à mains ; puis le lissage, opération qui s'exécute mécaniquement dans un tonneau de fonte, qui tourne sur son axe avec une vitesse de quinze tours à la minute.

Après le lissage, a lieu la première réception, qui consiste à s'assurer que les projectiles ont bien le diamètre réglementaire ; pour cela, on les fait passer dans un calibre appelé grande lunette, où ils doivent glisser sans difficulté dans tous les sens, tandis qu'ils ne doivent pas passer dans un autre appelé petite lunette.

Cela fait, les boulets subissent un second rebattage au marteau, qui a pour but de leur donner un poli suffisant, et sont soumis à une seconde réception où, après avoir répété les expériences de la première, on en fait une autre, en les introduisant dans un cylindre de bronze de même calibre que la grande lunette et dont ils doivent sortir librement.

Ceux qui satisfont à ces conditions sont poinçonnés et empilés par calibres pour servir au besoin.

L'empilage de tous les projectiles pleins, ainsi que des creux non chargés, s'est fait d'abord en plein air, sur des terrains aussi secs que possible qu'on appelle parcs ; mais depuis que l'on a constaté que le coaltar dont on les enduisait était insuffisant à les préserver de l'oxydation, on les met à l'abri.

Les piles se font de trois sortes : triangulaires, quadrangulaires ou carrées ; la forme est indifférente, ce qu'il importe, c'est que les projectiles soient suffisamment aérés, et pour cela on ne donne aux piles que dix à douze projectiles de largeur.

Les projectiles pleins ne sont employés, en France du moins, que par les pièces dites de marine, avec lesquelles on arme les remparts aussi bien que les vaisseaux.

Ils sont généralement en acier massif, — bien que la fonte durcie par la trempe donne les mêmes résultats, leur forme est cylindrique pour un tir à courte distance; ou ogivo-cylindrique pour un tir à longue portée.

Ils pèsent : Pour les pièces du calibre de 16 centimètres, 45 kilogr. ; pour celles de 19 centimètres, 75 kilogr. ; pour celles de 24 centimètres, 144 kilogr.; pour celles de 27 centimètres, 216 kilogr.

Ce poids énorme — qui n'est rien auprès de celui des projectiles des canons monstres que l'on fait un peu partout et qui pèsent : 100 tonnes, comme les pièces italiennes qui arment le *Duilio*, 120 tonnes comme les deux dont l'Angleterre va charger la *Victoria*, encore en chantier, et plus encore comme le canon de seize mètres de longueur que M. Krupp est en train de fondre pour amuser le prince de Bismark, peut-être même pour envoyer à notre exposition de 1889, — ce poids énorme, calculé pour l'effet à produire, semble être en contradiction avec le principe de l'artillerie moderne, qui veut de très grandes puissances initiales; car il paraît tout naturel, qu'un projectile soit chassé d'autant plus rapidement qu'il est plus léger.

Dans la pratique, il n'en est rien pourtant, à cause de la résistance de l'air, qui annule beaucoup plus vite la force vive des petits projectiles que celle des projectiles massifs.

Cela s'explique du reste mathématiquement : prenez par exemple deux boulets sphériques, l'un du diamètre de 10 centimètres, l'autre de 20; d'après les principes de la géométrie, le plus gros pèsera huit fois plus que le petit, tandis que sa surface ne sera que quatre fois plus grande.

Or, la force vive d'un projectile étant le produit de sa masse par sa vitesse, il s'en suit qu'à vitesse initiale égale, la force vive du gros projectile sera huit fois plus grande que celle de l'autre.

Quant à la résistance que l'air lui opposera, elle ne sera que quadruple de celle du petit : puisque l'air n'agit que sur la surface de la demi-sphère qui lui est opposée; donc sa force initiale sera plus longtemps conservée.

C'est précisément à cause de cela qu'on a donné aux projectiles modernes la forme cylindro-conique, parce que, déplaçant moins d'air que les boulets sphériques, ils éprouvent moins de résistance et atteignent ainsi une plus longue portée.

Quant à la portée maxima, il ne faut pas se faire d'illusion : elle ne doit entrer en ligne de compte que pour les obus qui éclatent à n'importe quel but, et produisent leur effet quand même ; mais les boulets n'agissent plus en toute puissance passé la moitié de la portée effective du canon qui les lance.

Les projectiles pleins modernes ne sont pas tous absolument cylindro-coniques, ils diffèrent d'ailleurs de systèmes selon les pays qui les emploient.

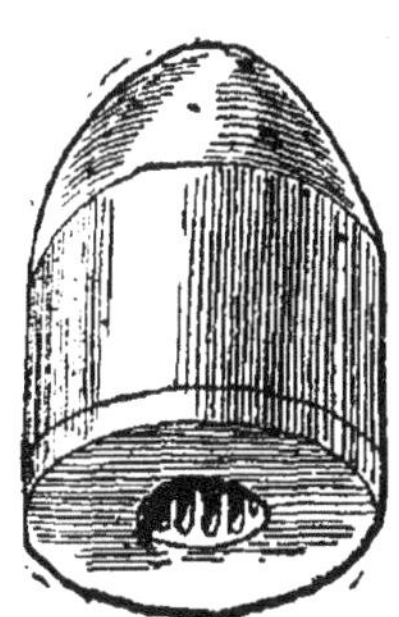
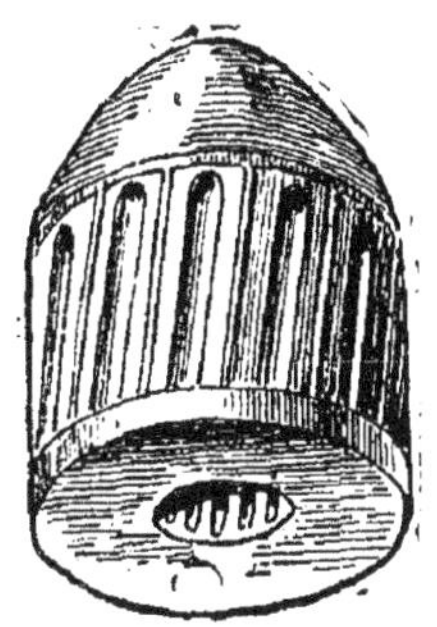

Boulets américains James.

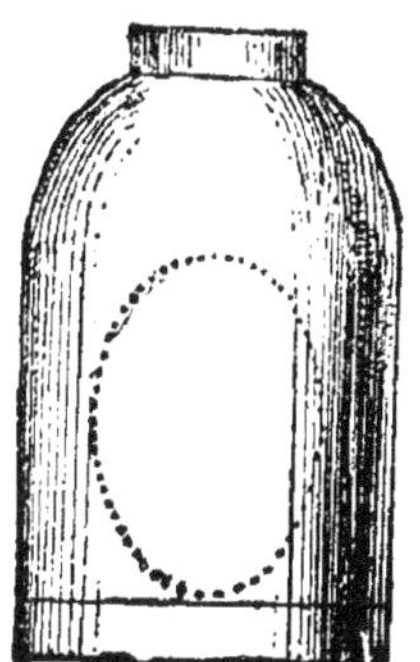

Boulet américain Parrott.

Ainsi les Américains ont le boulet James, dont la chemise de plomb est complète, mais elle adhère au projectile par des rayures longitudinales creusées en biais dans sa partie cylindrique, et dont les reliefs sont calculés pour s'encastrer dans les rayures de la pièce.

Ils ont aussi le boulet du système Parrott, dont l'extrémité est rendue plus dense par un refroidissement spécial qui est une difficulté de fabrication.

Les obus de ce fondeur, qui affectent la même forme, sont revêtus d'un vernis isolant, qui a pour but d'empêcher la poudre qu'ils contiennent d'éclater par le frottement, avant que le projectile ne soit sorti du canon.

Quant aux boulets du système Blakely, ils n'ont rien de particulier depuis qu'on a remanié leur forme primitive, qui les faisait ressembler à d'immenses olives.

Les Belges ont, ou ont eu, le boulet du général Timmerhans.

A l'origine, cet engin était composé de deux parties distinctes. Le projectile proprement dit et, au-dessous, un sabot expansif qui, lorsque le coup partait, se pressait contre le projectile en s'écrasant, de façon à pénétrer dans les rayures de la pièce.

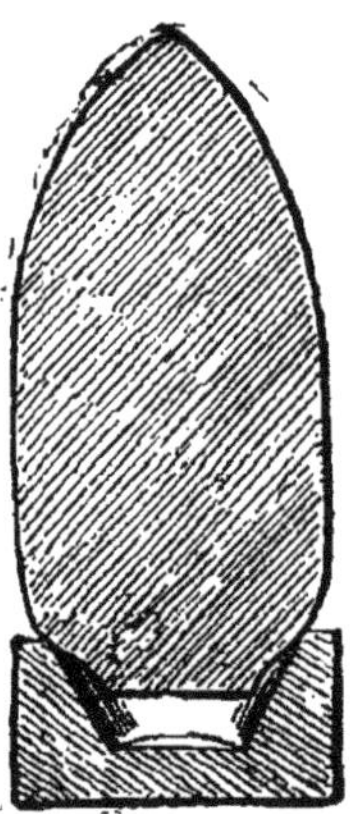

Projectile belge, système Timmerhans.

Boulet Withworth.

Il est à croire que ce système a été modifié, si les Belges, qui ne cachent point leurs prétentions à posséder la meilleure artillerie de l'Europe, s'en servent encore; car il fut d'abord si défectueux, que les premières pièces dans lesquelles on s'en servit éclatèrent dès les premiers coups, ce qui s'explique, du reste, en ce que l'écrasement du sabot se produisant d'une manière irrégulière, le boulet, sollicité d'un côté seulement, se *coinçait* dans l'âme de la pièce, et opposait une résistance insurmontable à l'expansion des gaz de la poudre.

Les Anglais ont, outre le boulet plein d'Armstrong, le boulet que l'usine Withworth a fabriqué spécialement pour percer les cuirasses des vaisseaux, et dont les deux extrémités sont tronquées et offrent une section d'un diamètre sensiblement inférieur à celui de la pièce.

Les rayures du canon étant en saillie, au lieu d'être creuses, comme dans tous les autres canons, il s'ensuit qu'au lieu de présenter des ailettes en relief, le boulet présente des rayures hélicoïdales creuses à profil courbe qu'on fait à la machine, mais qu'on pourrait tout aussi bien obtenir de fonte.

Ce système donne bien la rotation du projectile, mais le forcement n'est qu'approximatif et ne peut être satisfaisant que si la fabrication du boulet atteint la perfection.

LES OBUS.

Les projectiles creux se composent essentiellement d'une enveloppe sphérique en fonte, dont le centre est rempli de poudre en quantité suffisante pour faire éclater le projectile.

Nous disons de poudre, parce que nous parlons au point de vue général, mais il en est que l'on charge avec de la fonte liquide et d'autres avec du pétrole, quand il s'agit de propager l'incendie, tant il est vrai que le génie ne recule devant aucune combinaison pour faire plus sûrement le mal.

N'a-t-on pas inventé, pour charger les obus français, la *mélinite*, matière explosive dont nous ne connaissons point la composition, mais dont quelques expériences et un accident récent nous démontrent les terribles effets?

Piqués d'émulation, les Allemands ont inventé la *roburite*, qui paraît-il, est tout aussi destructive, bien qu'elle n'ait encore point tué d'artilleurs, et les ingénieurs Anglais perdent le boire et le manger pour trouver quelque chose de plus fort.

Mais on peut s'en tenir là, car si, comme puissance explosive, la mélinite est à la dynamite ce que la dynamite est à la poudre, ce qui semble parfaitement démontré, on se demande ce qui resterait debout dans le pays où l'on ferait la guerre avec de telles munitions.

Revenons à notre description. Un œil cylindrique sert à introduire la poudre dans l'obus et est fermé par une fusée, dont le système percutant varie selon les projectiles.

Dans les plus élémentaires, il y a seulement un tube creux rempli de pulvérin. Lorsque le projectile est chassé de la pièce, les gaz incandescents mettent le feu au pulvérin qui brûle lentement pendant la course du projectile et ne fait éclater l'obus qu'à l'extrémité de la course: c'est-à-dire qu'après avoir agi comme un projectile plein. l'obus agit une seconde fois d'une façon plus terrible encore.

Les éclats de l'obus sont d'autant plus nombreux que la quantité de poudre dont il est chargé est plus considérable et l'on a fait à cet égard de si nombreuses et si concluantes expériences que l'on sait, à un fragment près, en combien de morceaux éclatera un obus lancé dans telle ou telle condition.

L'artillerie est devenue du reste, en France surtout,

une chose tellement mathématique, que pendant les quelques bombardements de notre expédition du Tonkin, nos marins lançaient leurs obus à trois mille mètres avec autant de précision que s'ils les avaient posés avec la main.

Les obus de la marine sont beaucoup moins lourds que les boulets, puisqu'ils n'atteignent, proportionnellement aux calibres que nous avons déjà énumérés, que 31, 50, 52, 100 et 144 kilogrammes, ce qui ne les empêche pas d'être infiniment plus meurtriers.

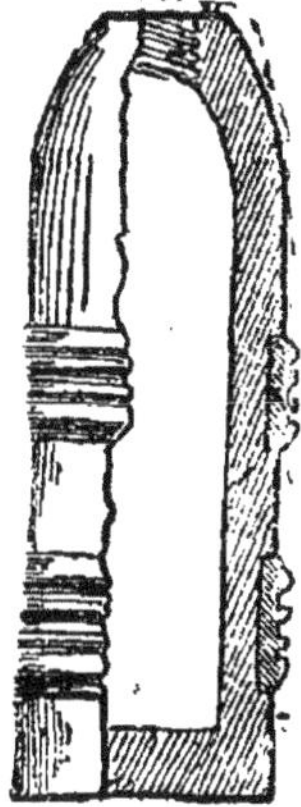

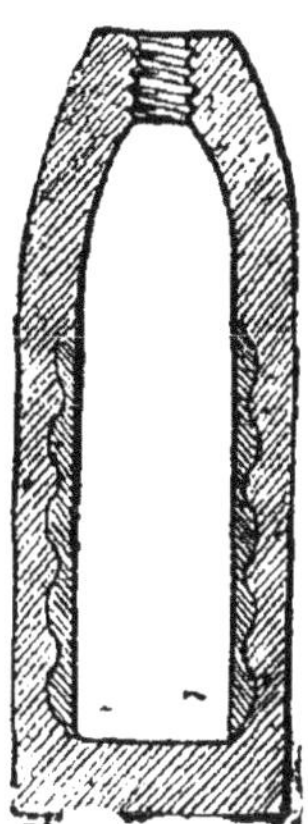

Coupe de l'obus français.

La fabrication de cet engin redoutable est plus compliquée que celle du boulet, par la raison que le projectile étant creux, il faut introduire dans chaque moule un noyau qui tiendra la place de la cavité à obtenir.

Ce noyau, qu'on appelle *lanterne*, se compose d'une tige de métal, autour de laquelle on moule de la terre réfractaire et que l'on suspend à l'orifice du moule (pour laisser de l'épaisseur à l'obus) au moyen d'une broche qui traverse la tige.

Voici, d'après le mémoire de M. Jordan, comment se

fabriquait l'ancien obus français qui, comme on sait, était dirigé dans le canon au moyen de douze tenons ou ailettes en zinc laminé, placés deux à deux sur chacune des six lignes inclinées correspondant aux six rayures de la pièce :

« Le châssis est en quatre parties : la partie inférieure pour la pointe, les deux intermédiaires pour le corps cylindrique de l'obus, la partie supérieure pour le culot. Le modèle, assez compliqué d'apparence, se décompose pendant le travail en huit anneaux ou rondelles. Il se place dans le châssis avec les noyaux déjà mis dans les endroits du modèle correspondant aux alvéoles ; par le foulage du sable, ces noyaux se raccordent avec le moule, et en démoulant, à l'aide des pièces mobiles du modèle, ils restent en place.

« Le noyau d'évidement se fait avec une lanterne en fer creux, aussi au moyen d'une boîte à noyaux, où l'on fond le sable ; on le sèche soigneusement à l'étuve et on l'enduit au noir. Le remoulage se fait en ayant soin de bien centrer le noyau. La coulée se fait en source, le projectile étant placé debout avec la lumière en haut.

« Aussitôt le métal solidifié, on déballe le projectile et on extrait la lanterne avec un « tourne-à-gauche ». Ensuite le projectile passe à l'atelier de finissage ; là on le désable, soit à la main, soit avec des râpes en fonte, soit avec des brosses mécaniques rotatives en fil de fer ; on l'ébarbe au marteau à la main. Le martelage détache le sable à l'intérieur et prépare le débourrage. On aplatit les bavures en martelant l'obus, qui est placé dans un tas en fonte ayant deux logements : un demi-cylindrique et un demi-ogival. On débourre avec un crochet ; on burine la bavure du culot, s'il y a lieu ; on nettoie, avec un outil spécial l'angle rentrant des alvéoles.

« Alors vient la première réception : passage aux

lunettes, vérification de l'épaisseur du culot, vérification de l'inclinaison des alvéoles, vérification de l'épaisseur des parois. Puis, l'alésage du trou de chargement avec un alésoir vertical. Puis le taraudage avec une machine à tarauder horizontale ou à la main. On ne plane pas l'about, qui restant brut, se rouille moins vite.

« Après quoi vient la pose des ailettes en zinc laminé, embouti, à la main et au marteau, puis l'estampage des ailettes, au moyen d'une sorte de poinçonneuse, ou bien au marteau. L'obus se trouve alors fini et passe à la deuxième réception : passage dans une lunette ou dans un tube rayé, au minimum de diamètre; vérification de l'alséage avec une mère. »

Aujourd'hui le travail est plus simplifié, par la raison que nos obus ne sont plus à ailettes.

Ils n'ont même plus la chemise de plomb qui avait succédé au premier système français, parce qu'on a reconnu qu'elle n'était pas compatible avec la rayure progressive que l'on voulait adopter, et qui est en somme la meilleure, parce que le projectile ne subit au départ ni pression, ni choc; il commence son mouvement dans le sens même de l'axe de la bouche à feu, et n'est que progressivement animé d'un mouvement de rotation dont la vitesse va toujours croissant.

Le forcement complet du projectile dans l'âme de nos nouveaux canons s'obtient en munissant l'obus, en remplacement de l'enveloppe de plomb, d'un système composé de deux ceintures.

La première, disposée à la naissance de l'ogive, est formée d'une surépaisseur de fonte, d'autant qu'elle sert seulement de point d'appui à la partie antérieure de l'obus, mais l'autre, ménagée à la partie postérieure du projectile, se compose d'un anneau de cuivre rouge encastré dans le métal venu de fonte, et d'un diamètre un peu plus grand que celui de l'âme du canon au fond des rayures, il s'ensuit qu'au moment où on met le feu, l'acier des rayures entame l'anneau de cuivre, et que l'obus ne pouvant avancer qu'en tournant autour de son axe, prend ainsi le mouvement de rotation qui assure la régularité de sa marche, en même temps que la justesse de sa portée.

Comme nous l'avons dit, la cavité remplie de poudre de l'obus, doit être bouchée par une fusée destinée à en déterminer l'explosion.

La fusée se compose : du corps de la fusée, bouchon de bronze fileté intérieurement pour se visser à l'orifice de l'obus, et fileté aussi dans sa partie antérieure pour qu'on puisse y adapter le bouchon porte-amorce.

Le bouchon de fusée doit être creusé d'une cavité

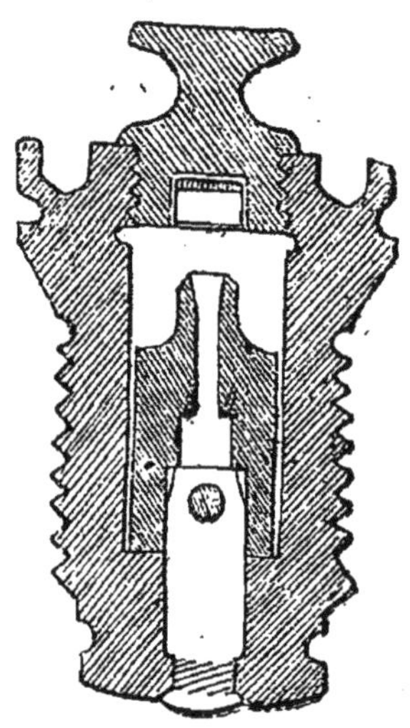

Fusée de l'obus français.

cylindrique destinée à recevoir un petit cylindre de bronze nommé percuteur, lequel est lui-même rempli de poudre, qui doit faire communiquer la flamme de l'amorce avec la poudre du projectile.

Il est bien entendu que ce bouchon-amorce n'est fixé dans le corps de fusée qu'au moment du tir ; dans les magasins, dans les caissons, sa place est prise par un bouchon de bois.

Quant à son jeu, il est des plus simples : lorsque le boulet chassé de l'âme du canon touche le but, il subit un temps d'arrêt si brusque que le percuteur rendu libre dans la cavité où il est renfermé, par suite de la rupture de la goupille qui le retenait, vient frapper l'amorce qui, en s'enflammant, fait éclater l'obus.

C'est l'effet du chien de fusil à piston sur la capsule.

Ce procédé explosif est employé à peu de chose près dans les obus de tous systèmes, mais exactement pour les projectiles creux de nos canons de marine qui n'en diffèrent que par le volume.

Nous dirons ici quelques mots, bien qu'il ne soit plus employé, de l'ancien obus français, parce qu'il a, en quelque sorte, servi de type à tous les projectiles modernes.

L'invention n'était pas toute française, puisqu'elle partait du principe du major Cavalli, qui avait muni les boulets de ses premiers canons rayés, de deux ailettes, destinées à engager le projectile dans les rayures de la pièce. Mais ce système était si défectueux et même si dangereux, car il faisait souvent éclater le canon, qu'on peut considérer comme une création les perfectionnement qu'y ont apportés successivement en France M. Tamisier, le major de Chanal et en dernier lieu M. Treuille de Beaulieu, lors de l'apparition de sa célèbre pièce de quatre.

Son obus, qui porta d'abord six ailettes, tant que les pièces n'eurent que trois rayures et douze lorsqu'on les creusa de six sillons parallèles, avait exactement la forme des obus d'aujourd'hui. Il pesait 4 kilogrammes et il suffisait de 200 grammes de poudre pour le faire éclater en une vingtaine de fragments utiles (si l'on peut employer cette expression), sans compter les morceaux plus petits qui se trouvaient à peu près inoffensifs.

Obus de 7 pouces.

Coupe de l'obus de 6 pouces.

L'explosion de l'obus était provoquée par une fusée métallique qui bouchait la tête de l'obus par une vis, dans laquelle était creusé un canal communiquant, à angle droit, avec d'autres petits canaux, pratiqués dans la tête de la fusée.

Naturellement tous ces canaux étaient remplis d'une matière fusante qui s'allumait par l'inflammation de la poudre faisant partir le canon et brûlait un espace de temps si rigoureusement calculé, qu'on pouvait faire éclater l'obus à une distance déterminée, en bouchant un ou plusieurs des évents que portait la tête aplatie de la fusée.

Ce système était certainement très ingénieux, mais

nous avons maintenant la fusée percutante, aussi n'en parlons-nous que pour mémoire, comme nous allons parler des autres.

PROJECTILES ARMSTRONG

Chaque type de canon a nécessairement ses projectiles spéciaux.

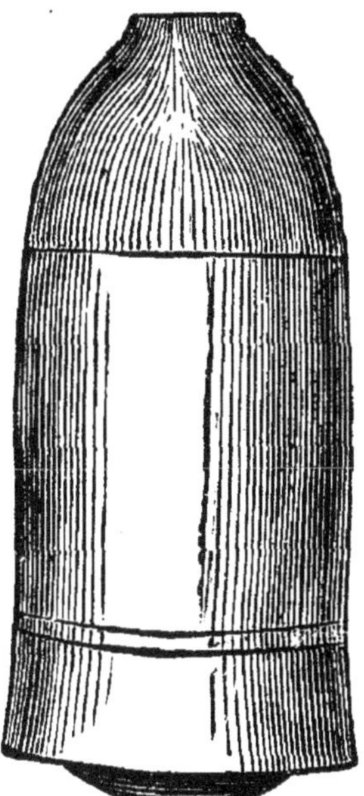
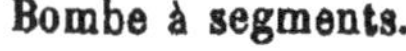

Bombe à segments.

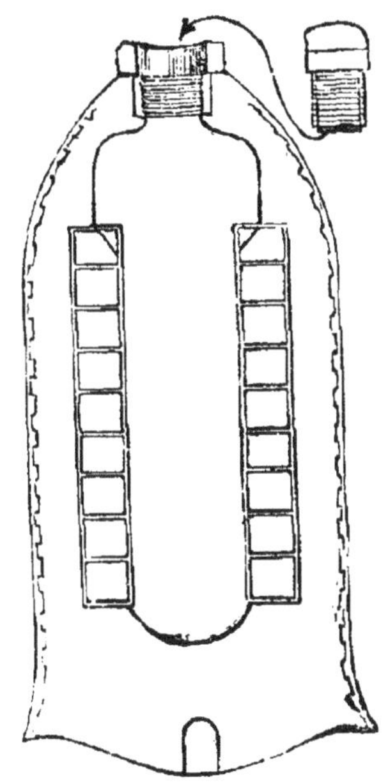

Coupe de la bombe.

Ainsi, il avait été fabriqué pour le fameux canon Armstrong dont on parla tant lors de son apparition : un boulet massif en fonte de fer; sa forme était oblongue;

Un obus ordinaire de 77 centimètres de longueur et dont la cavité renfermait 21 kilogrammes de poudre;

Un obus à segments, ainsi nommé parce qu'il était formé de cinq cents morceaux de fonte, pesant chacun 227 grammes, qui se dispersaient à l'éclatement provoqué par une charge de $6^{k},804$ de poudre, qui s'enflammait, soit pendant le trajet, soit en frappant le but, au moyen d'une fusée à percussion,

Et un obus en acier portant une charge d'éclatement de 10ᵏ,886.

On en fit même, toujours en acier, qui étaient destinés à contenir de la fonte en fusion.

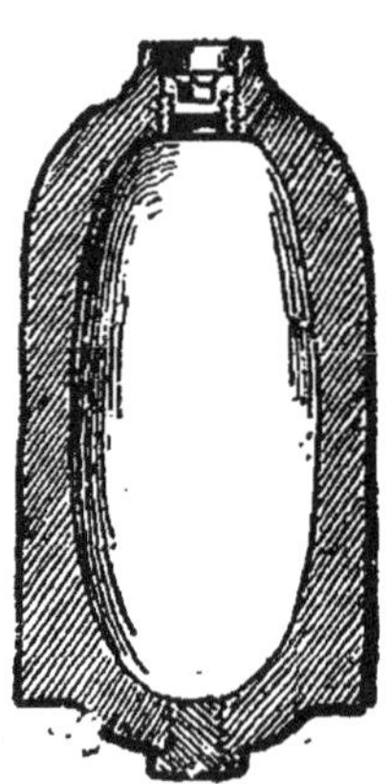

Coupe de l'obus Armstrong.

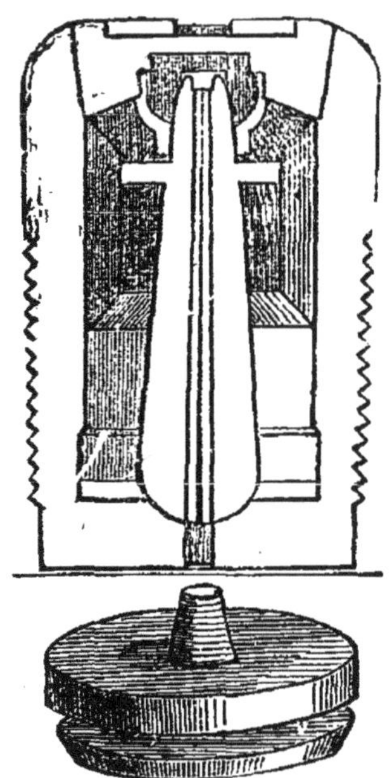

Coupe de la fusée et de la bourre.

La fabrication des projectiles Armstrong n'a rien d'absolument particulier, en tant que fonte, sinon la disposition des moules percés de nombreux évents pour précipiter le refroidissement du métal. Mais leur système de forcement dans la pièce mérite description.

D'abord on ne les plaçait pas immédiatement sur la gargousse, ils en étaient séparés par une bourre composée de deux disques de cuivre superposés, à une petite distance l'un de l'autre, de façon à former une sorte de chambre dont la concavité était remplie d'un mélange de graisse et d'huile, qui devait, au moment où le coup partait, se répandre par le bris de la bourre, dans l'âme du canon, de façon à l'empêcher de s'échauffer.

Ce procédé, inventé par M. Boxer, a été abandonné.

Reste le système de forcement qui n'a été que modifié, mais qui est encore le plus complet qu'on puisse imaginer.

Le projectile, élargi à sa partie postérieure pour s'arrêter à l'intérieur de l'âme, juste à l'endroit où commence la rayure, est obligé de s'écraser par la base, au moment où le coup part ; naturellement cette partie est en plomb, qui, se moulant sur la rayure, d'ailleurs peu profonde de la pièce, ne laisse aucun vent entre le projectile et l'âme du canon.

Ce n'est pas tout : la culasse porte encore un étranglement, dans lequel il faut que l'enveloppe de métal mou de l'obus s'applatisse de partout, pour suivre les rayures jusque vers le milieu du canon, où se trouve un nouvel étranglement qui lamine encore, en quelque sorte, le projectile.

Cette double résistance donne évidemment une grande puissance de poussée au projectile, mais il faut que la pièce soit d'une solidité à toute épreuve pour ne pas éclater pendant le tir.

C'est d'ailleurs, le propre des canons Armstrong.

Les obus, qui ont fait la réputation des fameux canons de Wolwich, ne se rapprochent que très vaguement de ceux dont nous venons de parler. Extérieurement, ils ressemblent beaucoup plus à l'ancien projectile français ; car ils sont, comme lui, pourvus d'ailettes ; ce qui est assez dire comment s'obtenait le procédé de forcement de l'obus dans les canons de Wolwich.

PROJECTILES KRUPP.

L'usine Krupp fabrique pour ses canons, en dehors des projectiles ordinaires qui ont beaucoup de rapport avec les nôtres, des obus en acier fondu d'un prix très élevé (400 francs pour un projectile de 100 kilogrammes), mais qui, paraît-il, sont infaillibles pour démolir les cuirasses de navire.

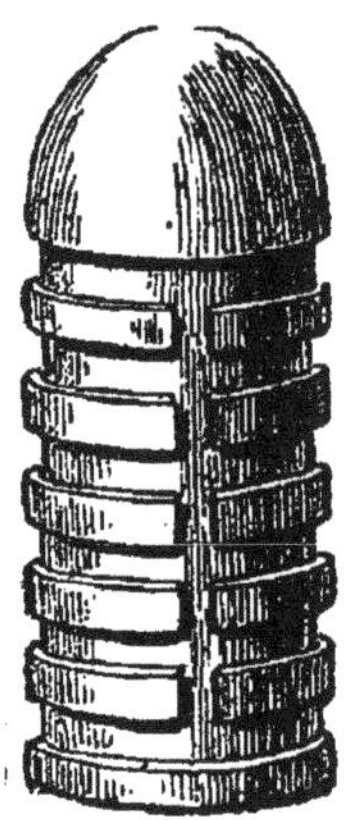
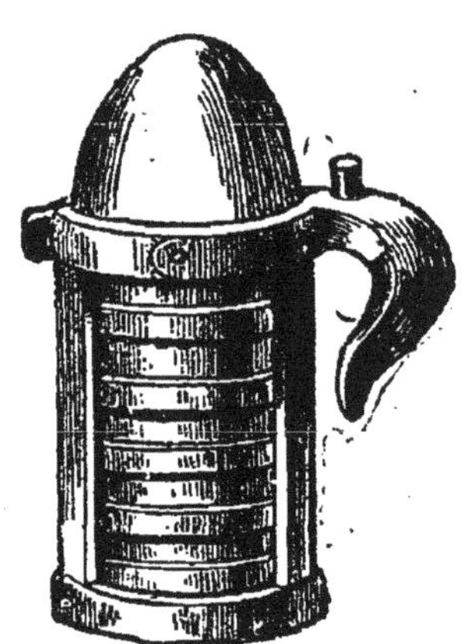

Obus Krupp.

D'une forme cylindro-conique, ils sont arrondis du bout, tournés intérieurement et entaillés de rainures profondes dans lesquelles on coule du plomb, pour leur permettre de se mouler dans les rayures du canon sans les altérer, comme le ferait un métal résistant; ce qui se fait d'ailleurs avec du plomb, ou autrement, pour tous les projectiles à charge forcée.

Ils sont ensuite tournés, forés et filetés à l'orifice, pour que l'on puisse fermer à demeure la cavité destinée à contenir la poudre, par un opercule qui se visse sur une longueur de sept centimètres; car ces obus ont cela de particulier, qu'ils n'ont pas besoin de fusée ni d'amorce, la température qu'ils acquièrent par leur seul frottement lorsqu'ils traversent la cuirasse du navire, étant suffisamment élevée pour que la poudre s'enflamme et fasse éclater le projectile à l'intérieur du vaisseau.

Le projectile des canons de campagne est en fonte et recouvert d'une épaisse enveloppe de plomb. Sur sa partie cylindrique, le noyau de fonte présente une sorte de mortaise qui doit recevoir l'enveloppe de plomb, et sur le fond de laquelle se détachent les bourrelets intérieurs venus de fonte, qui correspondent aux bourrelets extérieurs de l'enveloppe, leur servent d'ossature et donnent plus d'adhérence au plomb, dans le sens de la longueur de l'obus.

Les quatre bourrelets supérieurs sont interrompus en quatre points diamétralement opposés, de manière à offrir des ressauts qui empêchent le plomb de tourner sur la fonte. La pointe, ou tête ellipsoïde, est percé d'un trou taraudé pour la fusée et d'une ouverture latérale pour la broche du percuteur.

Par suite de leur forme, ces obus se moulent en deux châssis, le joint se trouvant dans un plan diamétral. Pour revêtir le noyau de son enveloppe, on se sert d'un moule formé de deux coquilles demi-cylindriques assemblées à charnière. On place le projectile debout sur son culot, au centre de ce moule, après l'avoir préalablement décapé et chauffé; on referme le moule et on verse le plomb par un trou de coulée.

PROJECTILES UCHATIUS

L'obus du nouveau canon autrichien est d'un système tout particulier, inventé par le général Uchatius.

Ces nouveaux projectiles, qui s'appellent des *ringholh-geschösse*, nom difficile à prononcer d'ailleurs, mais qui est toute une description puisqu'il veut dire « projectiles creux à anneaux », se composent d'anneaux métalliques superposés au nombre de douze, dont la surface interne est lisse, mais dont l'extérieure présente une série de cannelures longitudinales, lesquelles s'encastrent dans les cavités intérieures de l'enveloppe, qui est l'obus proprement dit.

Ces cannelures sont au nombre de dix, de façon qu'au moment où l'obus éclate, chaque anneau se sépare

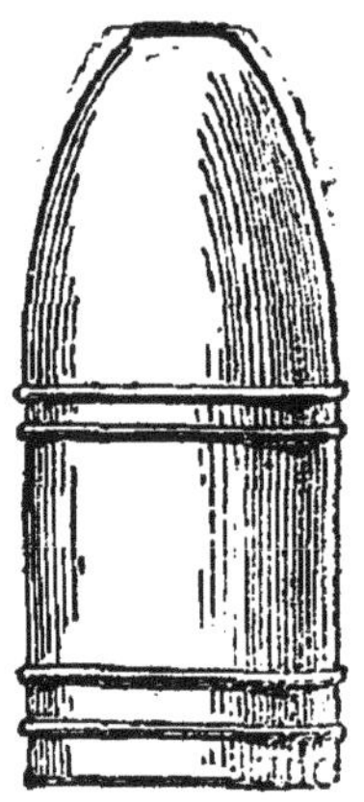

Obus autrichien du canon Uchatius.

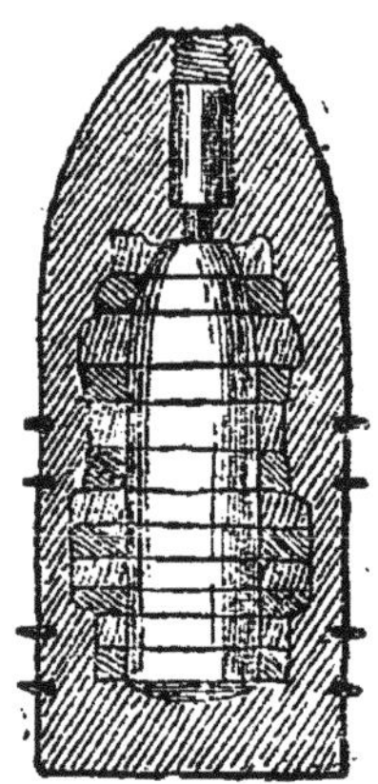

Coupe du projectile Uchatius.

en dix morceaux, ce qui fait cent vingt éclats pour les douze anneaux; ajoutez à cela les cassures qui se produiront forcément dans l'enveloppe aux points où elle est entamée d'avance, vous aurez en moyenne cent cinquante fragments de métal dans un obus de 6k350, c'est-à-dire de quoi donner la mort à cent cinquante personnes; ce qui serait absolument effrayant, si ces obus, qui en somme ne sont qu'un perfectionnement mathématique du projectile à segments d'Armstrong, devaient éclater toujours au milieu des masses d'infanterie.

Cet obus, contrairement à l'usage généralement

adopté, ne reçoit point de seconde enveloppe en métal mou, il est simplement cerclé de quatre anneaux en fils de cuivre, qui s'engagent dans les rayures de la pièce et ont assez d'élasticité pour ne pas les endommager.

Son explosion est produite par une fusée d'une combinaison spéciale, mais que notre dessin fera suffisamment comprendre.

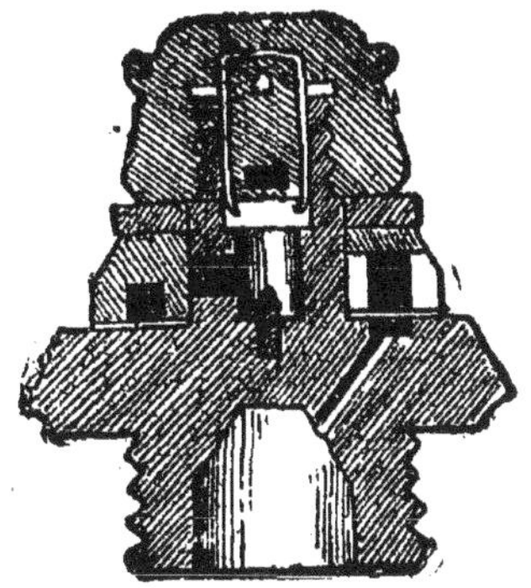

Fusée du projectile Uchatius.

Nous n'entreprendrons point de décrire tous les projectiles plus ou moins ingénieux (en théorie) dont les nations sont si fières, ce qui serait d'ailleurs aussi difficile que dénué d'intérêt; nous dirons seulement quelques mots des systèmes les plus connus et dont nous avons fait graver des spécimens.

Presque tous, du reste, sont revêtus extérieurement d'une enveloppe malléable destinée à préserver les rayures du canon, de l'usure qu'un projectile en métal dur ne manquerait pas d'y produire par le frottement : ces enveloppes sont généralement en plomb, sauf pourtant pour le projectile Schenkl (boulet ou obus), employé aux Etats-Unis, placé dans une sorte de cartouche en papier mâché, qui s'envole en poussière au moment de l'explosion.

Il faut dire cependant que cette enveloppe n'est pas entièrement en papier, comme on doit le penser à l'aspect de notre dessin.

Sa base, c'est-à-dire la partie postérieure du boulet, est formée d'une rondelle de plomb qui, au moment de la décharge, glisse en avant, le long de la partie conique postérieure, de façon à suivre les rayures de la pièce et à guider ainsi le projectile.

C'est, en somme, le système du général belge Timmerhans perfectionné.

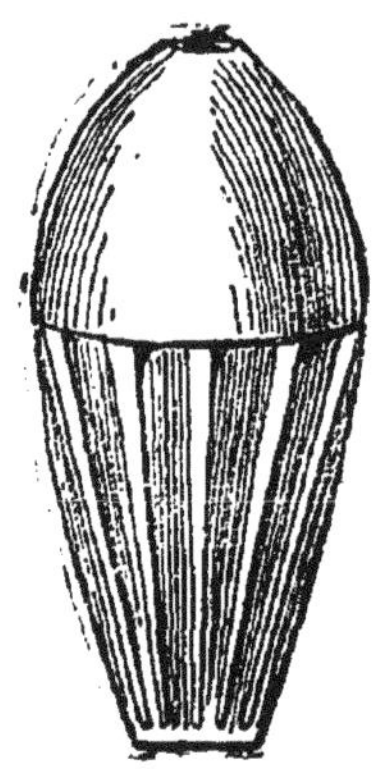

Obus américain Schenkl
sortant de la fonte.

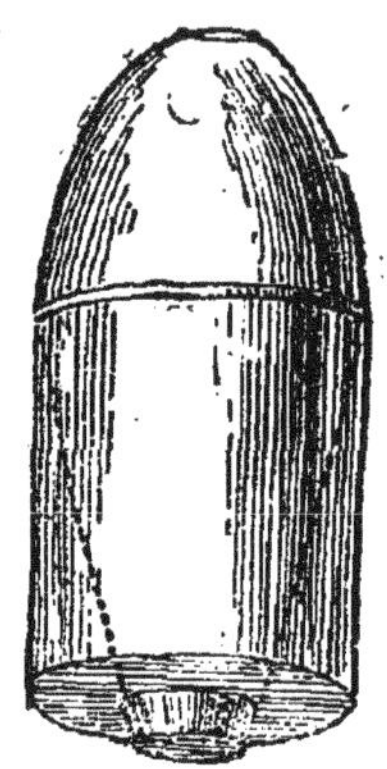

Obus Schenkl
recouvert de son enveloppe.

Les Américains, sans abandonner complètement le projectile Schenkl, qui leur a rendu de si grands services pendant leur guerre fratricide, en ont adopté un autre : l'obus Sawyer, dont l'enveloppe n'est pas continue, ce qui la rend, paraît-il, moins sujette à s'arracher.

Les Anglais possèdent, outre le projectile Armstrong et ses similaires, l'obus en fonte de Withworth, doublé à l'intérieur d'une chemise de flanelle pour prévenir l'explosion, trop souvent prématurée par l'échauffement de la poudre, lors du passage du projectile à travers les plaques de blindage.

Ils ont encore l'obus en fonte de Lancaster, mais celui-ci est tout spécial, puisqu'il est destiné aux canons à âme ovale, qui sont d'une fabrication peu usitée, sinon tout à fait abandonnée.

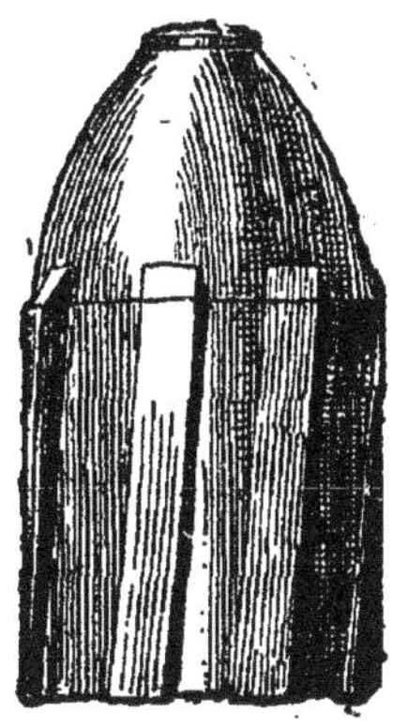
Obus américain Sawyer.

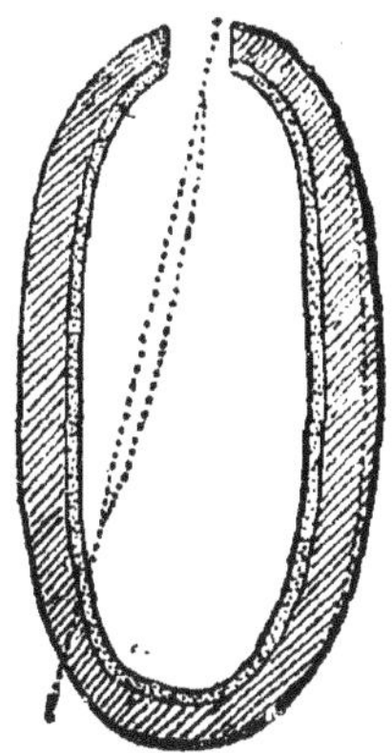
Obus Scott.

Le même fondeur a produit enfin des obus revêtus à l'intérieur d'une couche de terre réfractaire, qui leur permet de contenir liquide une charge de fonte en fusion, destinée à produire l'incendie au lieu de l'éclatement.

Citons encore l'obus Scott, qui a la même destination et partant le même revêtement, mais qui affecte la forme ovoïde.

Il n'est pas, du reste, d'un usage courant.

LES BOMBES

La bombe — si tant est qu'on en fasse encore — est fabriquée spécialement pour les mortiers.

C'est, comme l'obus, à la forme près, un globe de fer rempli de poudre dont l'explosion est déterminée par une fusée, non pas à percussion, mais remplie d'une matière assez lente à brûler, pour que le projectile ait le temps d'arriver à destination avant d'éclater.

Cette fusée est placée dans une ouverture qu'on appelle l'*œil* de la bombe ; de chaque côté de l'œil se trouvent deux anses qu'on appelle *mentonnets* et dans lesquels on passe les anneaux en fer dont on se sert, soit pour transporter le projectile, soit pour le placer dans le mortier ; du côté opposé à l'œil, se trouve un renfort nommé *culot*, qui donne à la cavité de la bombe un fond horizontal, et par son poids, l'empêche de tomber sur la fusée.

Les bombes employées en France sont : de 32 centimètres de diamètre et du poids de 72 kilogrammes, de 27 centimètres pesant 49 kilogrammes et de 22 centimètres pesant 22 kilogrammes. Mais ces dernières ont été supprimées, étant d'ailleurs parfaitement remplacées par les obus de 24 ; pour la même raison, il a été question d'abandonner aussi celles de 27. Dans un temps donné, du reste, elles le seront toutes, puisque les projectiles de nos canons de marine sont plus redoutables.

Disons cependant pour mémoire que le mortier de 32 n'a pas lancé que des bombes de 72 kilogrammes : on en a fondu de 90, de 100 et même de 120 kilogrammes, et si l'on voulait remonter jusqu'au siège d'Anvers, on trouverait que le colonel Paixhans en a fait tirer qui pesaient 500 kilogrammes et contenaient 50 kilogrammes de poudre, c'est ce qu'on appelait des bombes doubles comminges.

Par contre, on en a fait d'infiniment plus petites, pesant 10 kilogrammes et moins. Il est vrai que ces projectiles, destinés à être lancés à la main, n'étaient plus des bombes ; on les appelait, selon leur calibre, bombes de fossés, bombettes, bombines, doubles-grenades, grenades, etc.

Mais c'était bon dans le temps où l'on voyait son ennemi ; aujourd'hui qu'il faut des lunettes d'approche pour apercevoir seulement la poussière qu'il fait, nous avons changé tout cela.

La guerre ne se fait pas à deux lieues de distance, comme à portée de la voix, et l'on peut être sûr que jamais personne ne renouvellera la chevaleresque fanfaronnade du colonel des gardes françaises à Fontenoy : « Après vous, messieurs les Anglais ! »

PROJECTILES COMPOSÉS

Les projectiles composés sont de deux sortes, comme nous l'avons dit déjà : la boîte à balles et le schrapnell.

La boîte à balles était primitivement un cylindre en tôle, fermé à ses deux extrémités par des plaques en fer et rempli à l'intérieur de 41 balles en fer forgé.

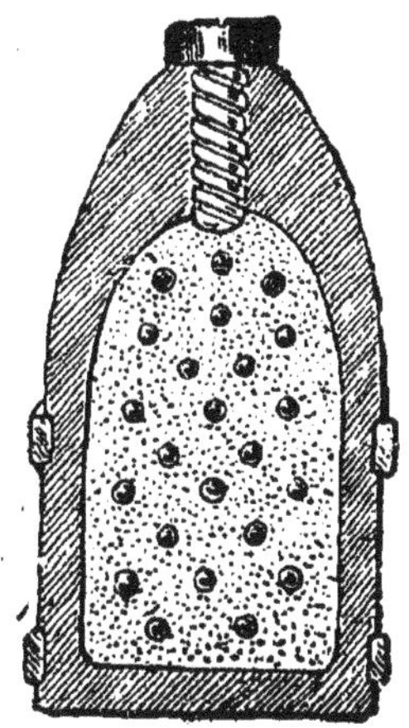

Boîte à balles.

Lorsqu'on tirait ce projectile, le culot en fer placé près de la poudre, prenant une vitesse supérieure à celle du projectile, désorganisait la boîte à balles qui éclatait et produisait un effet très meurtrier à trois cents mètres.

M. Treuille de Beaulieu a modifié la boîte à balles, en remplaçant le cylindre de tôle, par un obus ordinaire que l'on chargeait, pour la pièce de 4, à laquelle il était destiné, de 85 balles noyées dans le lit de poudre qui faisait éclater l'obus. Le même nombre de balles est employé aujourd'hui pour la pièce de 80 millimètres, mais il y en a 123 pour les canons de 90, 214 pour les pièces de 120 et 270 pour celles de 155 ; et ces balles pesant chacune 44 grammes sont enduites de vieux oing, sont méthodiquement rangées et maintenues en place, par lits successifs, au moyen d'une coulée de soufre.

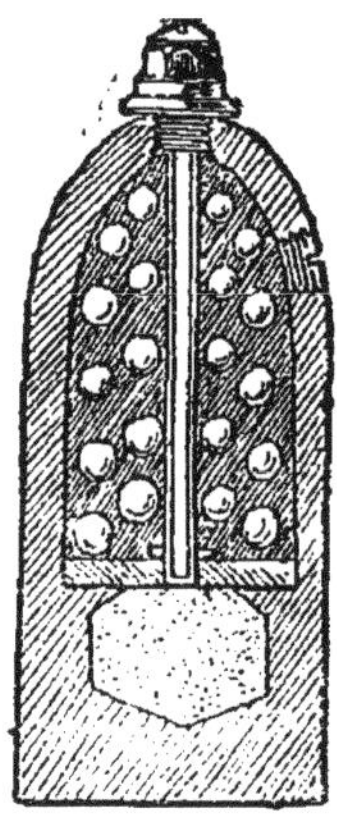

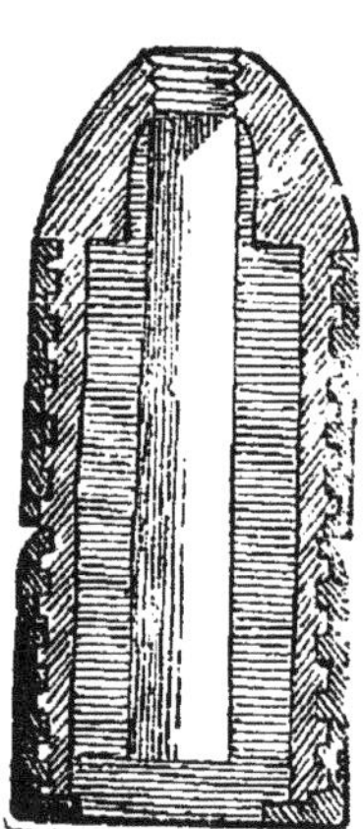

Coupe de schrapnells.

C'est à peu près là le schrapnell, obus à mitraille ainsi nommé du nom de l'officier anglais qui l'introduisit dans la pratique de l'artillerie, au commencement de ce siècle, et que les Prussiens ont notablement perfectionné.

Ils en fabriquent de deux sortes, le schrapnell à balles, à peu près semblable à celui que nous employons en

France pour remplacer le tir à mitraille, et le schrapnell à rondelles; tous les deux, du reste, suffisamment chargés de poudre pour éclater sûrement, et munis d'une fusée d'une fabrication particulière.

Ces projectiles sont d'un effet terrible, surtout à cause des lamelles de plomb qui les enveloppent et qui, se déchirant au moment de l'explosion, portent la mort à cinq ou six cents mètres de là, sous les apparences de balles mâchées.

C'est cet effet, dont on ne se rendait pas bien compte d'abord, qui a fait dire que, pendant la guerre de 70-71, les Prussiens avaient tiré avec des balles empoisonnées.

Notre obus à mitraille est, paraît-il, encore plus terrible, car il est à la fois projectile à segments et boîte à balles; pour les canons de 80, il donne 175 balles ou éclats, 250 pour les pièces de 90, et proportionnellement pour les autres, puisque la boîte à mitraille du 120 est chargé de 282 balles de plomb durci, et celle du 155 de 429.

*
* *

C'est dans la catégorie des boîtes à balles qu'il faut classer celui des projectiles de la mitrailleuse Hotchkiss qu'on appelle boîte à mitraille.

C'est, en effet, un petit obus renfermant une vingtaine de balles placées par couches alternativement avec un rang de poudre.

Ce projectile, qui n'a que quatre centimètres de diamètre, mais qui n'en produit pas moins à petite distance des effets terrifiants, est cerclé d'une ceinture de laiton, posée simplement sur des rainures ménagées dans le métal, et qui joue, vis-à-vis des rayures, exactement le rôle du métal mou dont on enveloppe généralement le obus ordinaires.

Tel est le dernier engin destructeur trouvé par les professeurs en l'art de tuer réglementairement son prochain.

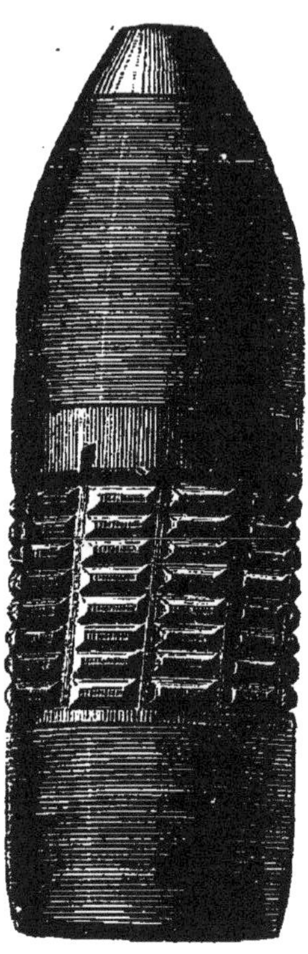

Obus Hotchkiss.

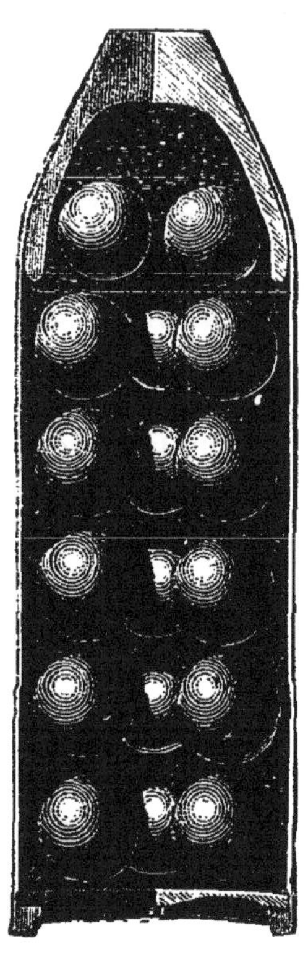

Coupe de l'obus Hotchkiss.

Ou du moins, tel était hier, car par ce temps de mélinite et de roburite, qui sait ce que seront les champs de bataille de l'avenir ?

L. Huard.

TABLE DES MATIÈRES

Pages.

Sceaux. — Imp. Charaire et Cie.

www.ingramcontent.com/pod-product-compliance
Ingram Content Group UK Ltd.
Pitfield, Milton Keynes, MK11 3LW, UK
UKHW012306240726
13966UKWH00004B/1665

9 782012 785274